INVENTAIRE
25160
AF267200

PRÉCIS DES TRAVAUX

DE LA

SOCIÉTÉ CENTRALE D'AGRICULTURE DE NANCY,

DEPUIS SA DERNIÈRE SÉANCE PUBLIQUE,

PAR M. CHRÉTIEN (DE ROVILLE),

Professeur à l'École Normale, Membre ordinaire.

(Lu en Séance publique le 4 mai 1845.)

MESSIEURS,

Un Rapport général se fait rarement sans préambule. Permettez-moi cependant d'arriver le plus vite possible et presque brusquement au but que nous nous proposons avant tout dans cette réunion ; car il me restera tant à dire sur nos travaux et sur les résultats qu'ils ont produits cette année, que je dois craindre beaucoup d'abuser de votre indulgence, malgré tout le désir que j'ai eu de faire un travail riche de faits plus que de paroles.

Depuis la fondation de votre Société, Messieurs, chaque Rapport général a eu de nouveaux progrès à constater, et ceux d'entre nous qui peuvent embrasser une période de 20 années et comparer les deux époques sans suivre pas à pas les améliorations, ont peine à comprendre un changement aussi subit, une révolution aussi heureuse. La marche des perfectionnements a été telle, dans le plus grand nombre des fermes dirigées par ces cultivateurs intelligents dont vous comptez aujourd'hui un si grand nombre parmi vous, qu'en quelques années tout est devenu méconnaissable ; et, je puis vous le dire au nom de votre Commission des

1

(2)

concurrents, si elle a éprouvé quelques déceptions dans les nombreuses tournées qui ont été faites sur les différents points du département, elle a eu aussi bien des surprises agréables, lorsque, visitant les mêmes exploitations qu'elle avait parcourues il y a 5 ou 6 années, elle y a trouvé une amélioration sur laquelle elle était loin de compter.

C'est principalement vers l'amélioration du bétail que nos cultivateurs dirigent aujourd'hui toute leur attention, parce qu'ils ont enfin reconnu les avantages immenses qui devaient résulter pour eux de la création de la viande et de la laine dont nous manquons, ainsi que des engrais, sans lesquels rien n'est possible en agriculture. Non-seulement les animaux de rente ont augmenté partout, mais partout aussi des croisements mieux raisonnés sont venus perfectionner les races; et, la nourriture augmentant d'ailleurs par l'effet de l'extension que l'on donne tous les jours à la culture des plantes fourragères, et principalement des prairies artificielles, on a ainsi réuni les deux éléments principaux de succès.

C'est une chose remarquable, en effet, Messieurs, que cette diminution constante qui a lieu dans l'étendue des jachères. Nos cultivateurs aujourd'hui sont convaincus que le besoin de repos par lequel on justifiait la versaine n'est qu'une conséquence du manque de fumier, et, à mesure que l'élément reproducteur se crée plus facilement, le nombre des champs improductifs diminue. Par la même cause, les autres terres donnent des produits beaucoup plus abondants, et doublent les revenus annuels, tout en augmentant, dans une proportion qui deviendra bientôt incalculable, la richesse territoriale. La plus-value des propriétés n'est en effet que la conséquence d'une meilleure culture, et l'exploitant n'augmente pas seulement son revenu d'autant, lorsqu'il triple les produits d'un hectare de terre : il concourt

encore au bien-être général, en livrant davantage à la con-
sommation et en augmentant la masse des produits venda-
bles. Le progrès, Messieurs, est encore la garantie la plus
certaine de la stabilité des Gouvernements ; car la paix rè-
gne où le peuple est libre et vit dans l'abondance. Le travail
est là pour tous ; chaque jour le cultivateur le paie mieux,
parce que lui-même voit augmenter constamment aussi ses
produits, et, si l'on voulait calculer toutes les conséquences
heureuses qui résultent pour la nation et le Gouvernement
des améliorations agricoles, on ne comprendrait plus alors
comment on a pu attendre jusqu'aujourd'hui pour accorder
à notre agriculture cette faible part qu'on lui a faite dans la
protection dont on entoure l'industrie nationale. C'est elle
cependant qui les fait vivre, et il est même de leur plus
grand intérêt qu'en agriculture le progrès soit constant :
car, si vous admettez, et cela est incontestable, que le mar-
ché intérieur est celui auquel on doit songer avant tout, il
faudra bien aussi que vous y admettiez, comme acquéreur
principal, la classe agricole ; et elle achètera d'autant plus,
qu'elle vivra aussi dans une aisance plus grande. Que l'on
voie plutôt les villes placées au milieu de populations
champêtres riches de leur travail et de leur industrie : cel-
les-là se peuplent tous les jours de nouveaux commerçants
ou de nouveaux industriels, parce que la vente y est facile
et que les bénéfices y sont certains.

Après cela, Messieurs, persuadons-nous-le bien, il eût été
fort difficile à l'administration de distribuer, d'une manière
réellement avantageuse pour le pays, des encouragements
plus nombreux. Il nous fallait avant tout une organisation
agricole, qui commence seulement à s'établir chez nous, et
c'est à mesure qu'elle se complètera, à mesure que les
Sociétés d'Agriculture et les fermes modèles comprendront

mieux le rôle qu'elles sont appelées à jouer dans l'ère nouvelle où nous venons de pénétrer, qu'il sera, non pas seulement important, mais on peut dire indispensable de faire à l'agriculture une part plus large dans le budget qu'elle alimente. C'est donc par la force des choses que nous sommes restés dans notre position actuelle. Mais aujourd'hui que les idées sont complétement changées sous le rapport agricole ; aujourd'hui que le progrès est général, et que de tous côtés on voit se former des écoles d'Agriculture; à une époque enfin où les représentants de la nation sont choisis bien souvent dans la classe qui connaît les champs et par conséquent les véritables intérêts du pays : une part de 800,000 fr. dans un budget d'un milliard et demi ne peut plus être suffisante pour les besoins même les plus pressants du premier des arts. Si on a cru devoir le sacrifier à nos colonies, si on le protège avec tant de peine contre la production du dehors placée dans les conditions les plus avantageuses, et si, malgré tout cela, il a continué à faire des progrès, on les doit aux efforts persévérants de l'homme habitué à la lutte ainsi qu'aux exigences, se contentant de peu pour fournir beaucoup aux autres, mais comprenant bien aussi, à cette époque où l'intelligence a reçu un si grand développement par l'instruction, qu'il ne doit pas seulement être un membre utile dans l'Etat, mais que l'Etat, de son côté, lui doit aide et protection. Ces vérités commencent à être comprises, et la Société de Nancy, Messieurs, peut se regarder à juste titre comme une de celles qui ont concouru le plus puissamment à cette modification importante qui a eu lieu dans les idées de notre siècle. Nos réclamations ont été nombreuses comme nos trav··· , et, grâce à l'activité de notre savant et si honorable secrétaire M. *Soyer-Willemet*, elles ont reçu la plus grande publicité et n'ont cessé d'attirer à la fois l'attention du Gouvernement et des Comices agricoles. Dans tous les écrits d'agriculture on retrouve les noms de MM. *Fawtier* et *Monnier*, et, lorsqu'une Société possède dans son sein des membres aussi éclairés et aussi actifs, elle peut se dire avec confiance et sans orgueil une des mieux composées du pays. Vous le savez mieux que moi, Messieurs : les intérêts agricoles avaient été bien peu soutenus jusqu'à présent près de la haute administration ; ce n'est que depuis quelques années qu'on a vu quelques-uns de nos députés prendre la défense d'intérêts qu'ils devraient représenter avant tout. Mais il faut bien espérer que l'opinion publique d'abord, puis la conviction personnelle éclairée par cet élan qui pousse aujourd'hui toutes les classes à comprendre le véritable progrès matériel, finiront par convertir le plus grand nombre à notre cause ; et alors les réclamations seront inutiles, car, les besoins étant compris, il faudra y satisfaire.

Chez nous, Messieurs, une des causes qui ont concouru le plus puissamment au progrès, c'est cette émulation qui a eu lieu entre les cultivateurs, par l'effet des prix d'ensemble que vous avez d'abord établis, et qui ensuite ont été regardés par le Gouvernement comme formant la récompense la plus utile pour toutes les localités. Plus tard j'aurai à vous rendre compte en particulier de chacune des fermes que nous avons visitées ; mais je vous demanderai avant tout la permission de dire deux mots sur cette question envisagée au point de vue général. D'abord, qu'on me permette de le dire, quoique ce soit peut-être un motif d'orgueil ou d'amour-propre pour nous tous, notre Société est bien certainement la première qui ait organisé, sur un pied aussi étendu qu'elle l'a fait jusqu'à présent, les tournées agricoles sur les différents points du Département, ainsi que les Conférences agricoles composées principalement de praticiens et dans lesquelles on s'occupe de questions locales ou générales relatives à l'agriculture seulement, et mises à l'ordre du jour dans la séance précédente. Vous dire ici tout le bien que ces Conférences ont produit serait au moins inutile; mais les provoquer ailleurs me semble indispensable : car il n'est pas de meilleur moyen de mettre les praticiens en contact, et de réunir ainsi, pour chaque localité, ce que recueillait le bureau d'Agriculture établi à Londres par le célèbre *John Sinclair*. Ce que nous faisons dans nos Conférences, le Congrès central de Paris pourrait le faire pour les Sociétés elles-mêmes, en leur adressant d'une année à l'autre des questions qui, étant mûries et discutées selon les circonstances différentes de chaque localité, et compulsées ensuite pour en former un résumé dont chacun profiterait, ne manqueraient pas d'être extrêmement utiles au pays. Le Congrès central est le résultat d'une heureuse pensée : il secondera puissamment les chambres de l'Agriculture et du Commerce ; mais, pour que cette réunion réponde parfaitement au but que l'on s'est proposé en l'instituant, il faudrait que les délibérations qui en sortent fussent moins précipitées, et que l'on ne délibérât sur une question que d'après le rapport fait par une commission spéciale qui aurait examiné tous les renseignements que l'on aurait obtenus des diverses Sociétés ou Comices consultés.

Malgré les modifications qu'elle regarde comme très-urgent d'introduire dans la manière dont se font les délibérations du Congrès, votre Société n'est pas restée étrangère cependant à l'appel qui lui a été fait, et je crois devoir indiquer sommairement ici les points principaux dont elle a pensé qu'il serait le plus urgent de s'occuper.

L'an dernier déjà nous avions réclamé l'examen tout spécial de la question des livrets pour les ouvriers de la classe agricole. Bien d'autres Sociétés avaient suivi notre exemple, et le Congrès fût appelé à délibérer sur cet objet dans l'une de ses premières séances. Le Rapporteur de la commission, contrairement à ce qu'on en attendait, fut d'avis que les livrets ne pourraient être qu'un bien faible paliatif pour remédier à l'état de choses actuel. Malgré cela le Gouvernement a été saisi de la question, et une loi a été présentée dernièrement aux chambres, dans laquelle l'industrie agricole figure à côté de l'industrie manufacturière pour les livrets à exiger des ouvriers. C'est ce qui nous démontre combien le Gouvernement a à cœur de s'occuper des choses utiles, aussitôt qu'elles lui ont été signalées. Vous y trouverez en même temps sans doute la preuve de l'utilité de nos réclamations.

La diminution de l'impôt sur le sel, dont la nécessité a été si bien démontrée dans la brochure de notre honorable confrère M. *Fawtier* (1), telle est la seconde question que la Société a soumise au Congrès. Il est d'autant plus urgent d'éclairer le pays et les chambres sur ce point, que ces dernières ont paru vouloir enfin s'en occuper. La Belgique vient de nous donner l'exemple à cet égard. Il faut bien espérer que nous ne tarderons pas à le suivre, et, nous ne devons pas craindre de le dire, Messieurs, votre Société, par le beau travail de M. *Fawtier*, sera bien certainement une de celles qui auront le plus puissamment concouru à obtenir une solution favorable de cette question. L'expérience est là pour nous démontrer qu'à une dose convenable le sel produit les meilleurs effets sur l'organisation animale, et devient un stimulant des plus utiles, tant pour les bêtes de

____

(1) *Bon Cultivateur*, année 1844, p. 371.

trait que pour les animaux de vente. Les faits que M. *Fawtier* a réunis dans son Mémoire à l'appui de son opinion sont pour ainsi dire aussi anciens que le monde, et, s'ils ont été contredits par un de nos plus habiles chimistes qui, d'ailleurs, soutenait en cela l'opinion de quelques-uns de nos savants agronomes, ils ont, d'un autre côté, pour eux l'expérience pratique de chaque jour, qui a plus de poids que les plus belles dissertations et les plus belles recherches dans un laboratoire.

D'après la demande de M. *Fawtier*, le Congrès a été invité à remettre de nouveau en délibération la question de l'enseignement agricole. C'est là, en effet, un point capital à l'époque où nous sommes arrivés, et l'art agricole recevrait bien certainement une protection plus grande et sous le rapport pécuniaire et sous le rapport législatif, si l'enseignement était plus généralisé, et si, dans tous les établissements d'instruction primaire ou secondaire, on lui donnait le développement qu'il mérite. Dans toutes les positions, les connaissances, je ne dirai pas de la pratique de l'art, — car elles sont le partage de celui-là seul qui met la main à l'œuvre, — mais les connaissances économiques sont de la plus haute importance. L'avocat en a besoin pour défendre la cause d'un propriétaire ou d'un fermier, et le député pour soutenir les véritables intérêts matériels du pays. Croit-on, par exemple, que la loi sur les irrigations eut passé à une aussi faible majorité d'abord, et aussi peu complète qu'elle l'est, si nous avions plus de représentants amis de l'Agriculture sans être agronomes, mais ayant pu se persuader seulement qu'elle seule est la véritable source de richesse et de puissance pour une nation? Qu'est-ce donc qui agit sur la destinée des peuples, et qui conduit les uns vers une ère de bonheur et de prospérité, tandis que d'autres marchent à

grands pas vers leur ruine, si ce n'est la disposition des esprits? C'est le goût de l'agriculture qu'il faut répandre parmi
la classe aisée et intelligente, comme on y répand celui de
la littérature et des beaux-arts, et on ne peut y arriver que
par l'enseignement. C'est donc dans l'extension que prendra ce dernier que se trouve la véritable source des progrès
à venir.

Le principe une fois admis, il ne s'agira plus que de l'ap-
pliquer, et ici, on ne doit pas se le dissimuler, les difficultés
que rencontrera l'administration supérieure seront sérieu-
ses: elle ne pourra marcher que progressivement; mais enfin,
pourvu qu'elle marche, le temps aura bien vite fait reconnaître ce qu'il y a de mieux à faire pour obtenir une organisation aussi utile et aussi complète que possible. Si on
excepte les chaires établies dans quelques instituts et dans
quelques grandes villes à l'instar de ce qui se pratique au
Conservatoire de Paris, nous ne possédons en ce moment en
France que quelques cours dans les écoles normales, et
encore, comment ces derniers marchent-ils? Les profes-
seurs, n'étant que faiblement soutenus dans leur tâche, se
rebutent, puisqu'ils ne voient aucun résultat définitif de leurs
peines. Avant tout, il faut que l'administration donne à l'enseignement toute l'importance qu'il mérite, qu'elle le protège, puisqu'il ne fait que de naître, et que les jeunes élèves
qui suivent un cours retirent quelque fruit de leur travail.
Avec l'organisation actuelle des choses, il n'en est rien, et
l'élève qui saura un peu moins de mathématiques, parce qu'il
aura étudié de l'agriculture, ne pourra peut-être pas obtenir
le brevet, objet de tous ses vœux, parce que cette dernière
branche de connaissances ne lui compte absolument pour
rien. On doit en convenir, cela n'est pas plus encourageant
pour le maître que pour les élèves. A cela on pourra répondre

cependant : Mais des cours d'agriculture n'existent pas partout, et, dans les localités même où ils se trouvent établis, exiger des connaissances agricoles des candidats qui se présentent pour obtenir le brevet, ce serait donner aux élèves des écoles spéciales, fondées par les départements et le gouvernement, un avantage sur ceux du dehors qui n'ont pas suivi des cours, et ont ainsi appris quelques mots à peine dans des livres. Cela est parfaitement vrai ; mais pourquoi donc fondez-vous des écoles normales, si ce n'est pour avoir de bons maîtres instruits comme les besoins du pays le réclament ? Si vous n'exigez pas de connaissances spéciales en agriculture de l'instituteur, tenez-en au moins compte à celui qui les possède. Depuis trois ou quatre ans déjà le dessin et la musique sont exigés dans les examens, même pour le brevet élémentaire ; pourquoi donc faire une exception pour l'agriculture ? Nous sommes convaincus que l'administration supérieure n'a jamais été mise en demeure d'apprécier cet oubli envers le premier et le plus important des arts ; car elle n'aurait pu lui faire une autre part qu'aux arts d'agrément plutôt que d'utilité. La Société d'Agriculture de Nancy, convaincue de l'urgence qu'il y a d'appeler l'attention du Gouvernement sur ces différents points, a donc cru devoir adresser ces réflexions au Congrès dans un mémoire rédigé par M. *Bentz*, directeur de l'école normale de Nancy.

Il était impossible que la Société ne profitât pas d'une occasion aussi favorable pour joindre ses doléances à celles si nombreuses déjà qui ont été adressées au Gouvernement, afin d'obtenir une augmentation des fonds d'encouragement que reçoit l'Agriculture française. On ne conçoit pas, en effet, que, dans un pays qui se dit avec orgueil le premier de tous sous le rapport de la civilisation, le plus important

des arts reçoive en encouragements ce qui suffirait à peine
à une de nos provinces. Depuis longtemps déjà on répète
que les théâtres de Paris ont trois ou quatre fois plus que
tous nos cultivateurs réunis ; on sait parfaitement que la
pêche seule des Harengs absorbe bien au delà du budget
agricole : mais on n'en reste pas moins au point où nous
en sommes depuis bientôt dix ans. Les besoins s'accrois-
sent cependant avec le progrès, comme nous l'avons dit en
commençant, et il est d'autant plus urgent d'y satisfaire, que
nous sommes à l'époque des grandes améliorations et que,
pour obtenir de nos cultivateurs, il faut aussi leur laisser
de l'espoir. Pour nous, Messieurs, il est un motif qui augmente de beaucoup les frais de la Société : Ce sont les
tournées, que vous avez regardées avec raison comme indis-
pensables pour vous éclairer non-seulement sur les travaux
des cultivateurs qui aspirent aux prix que vous décernez,
mais encore pour vous renseigner sur ce qu'il y a de bien et
de mal partout. On avait songé d'abord à exiger des concurrents qu'ils se chargeassent, comme cela serait d'ailleurs
assez facile pour la plupart, du transport des Commissions;
mais ce serait placer celles-ci, comme d'ailleurs elles ont
déjà eu l'occasion de s'en assurer cette année, dans une
fausse position à l'égard des cultivateurs dont elles veulent
examiner les travaux, et la Société devra bientôt se résigner
à restreindre, ou même à supprimer les excursions qui ont
eu lieu jusqu'à présent, si des fonds suffisants ne lui sont pas
accordés pour subvenir aux frais qu'elles nécessitent. Pour
des dépenses semblables, ce n'est peut-être pas près du
Gouvernement qu'il faudrait réclamer ; car les frais seront
plus ou moins grands selon les localités : mais le Département peut prendre lui-même cette charge, puisqu'elle lui
profite, et nous aimons à penser que, dans la prochaine

session, cette question, beaucoup plus importante que certaines personnes ne l'ont supposé, sera examinée de très-près par le Conseil général de notre département, composé d'hommes si bien disposés pour les intérêts agricoles du pays.

Qu'on se le persuade bien cependant, Messieurs, nos représentants du pays, tant dans les chambres que dans les conseils généraux, l'administration supérieure enfin est loin de pouvoir tout faire pour notre agriculture. Les propriétaires du sol doivent être les premiers protecteurs d'un art dans la réussite duquel réside la prospérité de leur fortune. Malheureusement, ils sont loin de comprendre tous qu'en soutenant leurs fermiers, ils travaillent dans leur propre intérêt, et nous pourrions en citer bon nombre dont les exigences, ou plutôt l'avarice nous a fait gémir dans nos tournées. Les uns refusent à leurs fermiers le logement dont ils ont besoin pour placer leur bétail, et d'autres laissent tomber en ruine les bâtiments mal sains et mal distribués dans lesquels doit se caser et le cultivateur et ses animaux. Beaucoup enfin, se reportant à l'époque où l'obéissance au seigneur était une loi, voudraient profiter de tous les avantages sans concourir en rien à les procurer. Un jour viendra sans doute où de semblables idées paraîtront aussi absurdes que désavantageuses; mais, ce jour, nous ne pouvons l'attendre que de l'instruction qu'il a été réservé au Gouvernement de juillet de répandre dans toutes les classes.

A mesure que les procédés se perfectionnent par l'effet des découvertes que chaque jour constate, la culture se simplifie, et, lorsque, jetant les yeux en arrière de 15 années seulement, on voit tous les progrès qui ont eu lieu sous ce rapport, on ne peut guère prévoir quel avenir nous est réservé. Mais, si le progrès se constate d'un côté, d'un autre, on rencontre dans la division, et par suite, l'enchérissement des propriétés, des obstacles qui arrêtent le cultivateur le mieux disposé, parce qu'elles l'empêchent de profiter des améliorations les plus urgentes. Cette cause de retard dans les progrès de notre agriculture a occupé tant de fois la Société, qu'elle ne pouvait manquer d'appeler là-dessus l'attention du Congrès. Déjà il s'est occupé des Réunions territoriales dans la première assemblée; mais cette question est trop vaste et d'un trop haut intérêt pour qu'il ne soit pas important d'y revenir.

Sans doute, Messieurs, qu'il vous eût été bien facile d'appeler l'attention du Congrès sur beaucoup d'autres points importants de l'art agricole. Ainsi le Code rural, la question des défrichements, tout cela aurait pu lui être signalé; mais, en vous occupant de ces questions, vous n'auriez fait que reproduire un vœu émis par le plus grand nombre des Sociétés déjà, vœu auquel vous vous associez volontiers, mais à l'appui duquel vous n'avez cru devoir faire aucun travail, vous bornant à ce que vous avez regardé comme le plus important pour le moment.

Tandis que nos diverses commissions s'occupaient activement des différents travaux qu'on leur avait confiés, la Société tout entière poursuivait une œuvre nationale, pour la réalisation de laquelle elle a trouvé la plus grande sympathie sur tous les points du territoire. Bientôt, Messieurs, grâce à nos efforts, grâce aussi au sentiment de regret et d'admiration que vous avez rencontré non-seulement en France mais encore à l'étanger, nous verrons se dresser à la porte de nos séances la statue du grand Agronome qui, en 1820, a le plus puissamment concouru à la fondation de notre Société. La souscription Dombasle, en moins d'une année, a dépassé le chiffre de 25,000 fr., et, si c'est peu de chose en comparaison des services rendus au pays par l'immortel Directeur de Roville, c'est une preuve au moins que l'agronome comme le grand politique peut compter à notre époque sur la reconnaissance du pays, peut prendre rang parmi les illustrations, comme le grand capitaine ou le savant. Cette manifestation sera donc à la fois un acte de reconnaissance bien méritée et un motif puissant pour stimuler les sommités de l'époque, tourner leurs vues vers l'agriculture qui, envisagée comme science, résume véritablement en elle toutes les autres.

La Société de Nancy a vu avec un véritable bonheur le roi et nos ministres figurer à la tête des souscripteurs pour le monument Dombasle, et, si le mérite du directeur de Roville n'a pas toujours été apprécié par l'administration; si, pendant le cours de sa longue carrière d'activité et de recherches, son cœur a dû se serrer bien des fois à la vue du bien qu'il voulait et auquel il ne pouvait parvenir, parce qu'il n'était compris que de ceux-là seuls qui se trouvaient dans l'impossibilité de lui venir en aide, du moins sa mémoire obtient aujourd'hui un juste dédommagement. L'étranger, Messieurs, a voulu aussi avoir sa part de l'honneur qui rejaillira sur le pays et sur les hommes qui ont donné un si bel exemple de sympathie et de regret, et l'Italie comme l'Angleterre, la Russie et l'Amérique, ont adressé leur offrande à la Commission de Paris. Bientôt donc notre Société aura à inaugurer non pas le plus beau monument, mais le monument le mieux mérité peut-être par les illustrations de l'époque. A cette occasion, Messieurs, la Commission de Paris a songé, et elle vous l'a fait connaître par l'organe de votre honorable Vice-Président M. *de Scitivaux*, que ce serait le cas ou jamais de réunir à Nancy un Congrès agricole auquel pourraient prendre part tous les amis de l'Agriculture tant en France qu'à l'étranger. Vous vous associez de grand cœur à cette idée, et chacun de nous, j'en suis convaincu, a déjà fait les vœux les plus ardents pour que l'Agriculture française se montre enfin telle qu'elle doit être en semblable occasion ; l'honneur en rejaillirait sur tout le pays, mais principalement sur le sol de la France, qui a fait un si grand pas en agriculture depuis une vingtaine d'années. Il serait fort difficile, au reste, de choisir une localité plus propice pour une grande réunion agricole que notre Département et la ville de Nancy illustrée par un si grand nombre d'agronomes marchant avec le plus grand succès sur les traces de *Mathieu de Dombasle*, et qui est assez heureuse pour conserver dans son sein la fabrique d'instruments, dernier souvenir de l'Institut de Roville. Tous les jours, Messieurs, permettez-nous de le dire en l'honneur des Directeurs MM. *de Meixmoron-Dombasle* et *Noël*, et en l'honneur de nos cultivateurs qui comprennent, enfin, qu'il n'est pas de bonne culture ni de culture économique possible sans bons instruments, tous les jours cette fabrique prend plus d'extension, et elle fournit plus à cette époque au seul département de la Meurthe qu'elle ne fournissait, il y a dix ans, à toute la France. Tous les jours les instruments les plus utiles se modifient selon que l'expérience a démontré l'urgence de telle ou telle amélioration, et, si une ferme n'est plus là comme à Roville pour faire les essais, dix autres dans les environs de Nancy, comme Ste-Geneviève, Champigneulles, le Champ-le-Bœuf, Tomblaine, etc., sont dirigées par des cultivateurs heureux de concourir pour une part quelconque à l'amélioration d'un art auquel ils se dévouent.

L'usage des instruments perfectionnés d'agriculture, dont l'introduction en grand dans le pays est due à *Mathieu de Dombasle*, est regardé aujourd'hui comme un point capital par nos cultivateurs. La charrue lorraine lourde et massive a

disparu presque partout pour faire place aux charrues en
fonte ou aux charrues en bois modifiées, et, si ce progrès
est dû à la force même des choses, on doit l'attribuer aussi
en partie aux concours de charrues dont Roville a encore
donné l'exemple. Il y aurait bien autre chose à vous dire,
Messieurs, sur cet établissement dont le nom ne figure pas
en vain avec éclat dans les annales agricoles de la France et
de tous les peuples; mais, pour faire ressortir tout ce qu'a
produit de bien chez nous le célèbre agronome qui a illu-
stré un des plus pauvres villages de la Meurthe, parce qu'il
y a joint son nom, il faudrait faire de *Roville* le sujet d'une
histoire tout entière de l'agriculture moderne, et, outre
que ce n'est pas ici l'occasion, ce serait, pour nous, une
tâche trop difficile que nous laisserons à d'autres plus habiles et mieux en position de traiter cette question au point
de vue général.

Quatre noms illustres, Messieurs, figureront toujours en
première ligne dans l'Histoire de l'Agriculture continentale
depuis un demi-siècle : *Thaer* et *Schwertz* en Allemagne,
Mathieu de Dombasle en France et *Fellemberg* en Suisse.
De ces quatre patriarches *Fellemberg* seul nous restait. Malheureusement pour la science, l'heure de la retraite est aussi
arrivée pour lui, et le directeur d'Hofwyl, ce dernier reste
de l'école moderne, nous a été enlevé. En France, nous
avions aussi un homme moins illustre que *Mathieu de
Dombasle* et *Fellemberg*, mais jeune encore et déjà couvert
de gloire; l'avenir lui réservait de voir le plus beau des
triomphes, celui de l'intelligence sur les préjugés et la rou-
tine, mais il a été enlevé au milieu de sa carrière déjà si
bien remplie, et l'agriculture pleure encore aujourd'hui,
dans la personne de *Leclerc-Thouin*, un des hommes qui auraient fait le plus d'honneur à son pays. La Société de Paris

lui a donné pour successeur M. *Payen.* Honneur à lui s'il marche sur les traces de son prédécesseur!

Cette année, Messieurs, une des plus fécondes en perfectionnements et en améliorations, a été bien nuisible à notre agriculture cependant sous un autre rapport. Après une maladie épidémique, le typhus, qui heureusement ne nous a pas atteints, nous avons vu la péripneumonie dégarnir un très-grand nombre de nos étables et mettre, par conséquent, beaucoup de nos cultivateurs dans l'impossibilité de concourir à notre Exposition de bestiaux, ordinairement si nombreuse et si bien composée. Dans cette occurrence, Messieurs, vous avez été loin de rester en arrière, et, par tous les moyens en votre pouvoir, vous avez cherché à prévenir ou à diminuer les conséquences de maladies si désastreuses. D'après les observations de votre Commission des concurrents, et en particulier de MM. *Besval* et *Henriet,* dont vous connaissez tout le zèle et tout le mérite, une demande a été adressée à M. le Préfet, afin d'obtenir que le gouvernement ou l'administration départementale prît les mesures nécessaires pour nous préserver d'une contagion qui avait été si nuisible à d'autres pays. Déjà M. le Ministre avait pris ces mesures, et M. le Préfet, dont le zèle et la bienveillance sont assurés pour tout ce qui regarde nos travaux, n'a pu que nous promettre son appui pour ce qui concernerait notre localité. Aujourd'hui, Messieurs, le typhus a bien diminué d'intensité; mais nous n'en devons pas moins adresser nos sollicitations à M. le Ministre de l'Agriculture et du Commerce, afin qu'il vienne en aide à nos cultivateurs dans la position difficile où les a placés la péripneumonie.

Il y a deux ans, Messieurs, qu'une nouvelle classe de membres fut fondée parmi vous, celle des membres auditeurs. Cette année, grâce au zèle toujours plus remarquable de nos cultivateurs, elle a pris plus d'extension encore que par le passé, et nous ne pouvons que répéter ce que nous en avions déjà dit l'année dernière. Nos séances sont tous les jours plus nombreuses et plus intéressantes, et, tant que le même esprit guidera la Société, tant que l'homme honorable qui la dirige depuis sa fondation, pour ainsi dire, voudra bien se tenir au timon des affaires, les résultats les plus féconds nous sont assurés, et la Société d'Agriculture de la Meurthe figurera toujours dignement au nombre de celles qui ont le plus fait et qui font le plus pour le progrès matériel le plus important de l'époque. A cette occasion, Messieurs, permettez-moi d'exprimer un regret : depuis longtemps, avec une conviction bien profonde, nous réclamons la récompense due aux travaux les plus nobles et les plus utiles; mais c'est en vain. Avant de songer à l'agriculture, il semble que l'on ait tout autre intérêt à satisfaire. Cependant ici, il ne s'agit pas d'intérêt : c'est le mérite le mieux reconnu, le mieux compris de tous qu'il faudrait couronner. Espérons dans l'avenir, Messieurs; croyons que pour une autre année, nous n'aurons plus à adresser à l'administration les mêmes doléances, et que, dans la personne de notre honorable Secrétaire M. *Soyer-Willemet*, elle récompensera ce dévouement entier et absolu que l'on rencontre si rarement. Chez nous, Messieurs, se trouvent réunis tous les éléments de succès désirables; chez tous les membres, le désir bien sincère de se rendre utiles : mais chez aucun peut-être cet esprit d'ordre que possède à un si haut degré l'homme qui nous guide dans nos délibérations et sans lequel nos efforts seraient sans résultats. Dans toutes les assemblées, dans le domaine de l'intelligence comme dans le domaine matériel, il faut une impulsion, un moteur;

heureusement, Messieurs, nous avons tout cela, et si le Département a une Société aussi recommandable, c'est bien certainement à notre Secrétaire que revient la plus grande part de cet honneur.

Selon la marche habituelle, Messieurs, après vous avoir entretenus de l'ensemble de nos travaux, je vous ferai connaître successivement les communications qui ont été adressées à la Société pendant le courant de l'année, et en même temps les nouveaux membres qu'elle a reçus à différents titres. Je serai obligé ici de partager mon travail en deux catégories, puisque vous avez à la fois des séances générales et des conférences particulières pour les trois premières Sections, mais particulièrement pour la Section de grande culture. Sous ce rapport, la Société est toujours reconnaissante envers M. *Turck* pour les efforts qu'il a faits dans le but d'organiser ces réunions qui, comme j'ai eu l'honneur de vous le dire, ont déjà produit un si grand bien.

Voici quelles ont été les communications les plus importantes :

Traité de Topographie et de Géodésie forestière, par M. *Regneault* (1).

Lettre sur le fauchage des grains, par M. *Monnier*, secrétaire adjoint (2).

Rapport de M. Thomas sur les irrigations de M. Husson d'Haussonville (3).

Instruction sur la récolte des blés, par M. *Poirel*, avocat général, membre ordinaire (4).

---

(1) Voir le Rapport de M. *Gouy*, *Bon Cultivateur*, année 1844, p. 511. — (2) *Idem*, p 282. — (3) *Idem*, p. 276. — (4) *Idem*, p. 288.

Note sur des expériences relatives aux différents modes du fauchage des grains.

Modèle d'un bail progressif, par M. *Masson,* membre ordinaire (5).

Rapport sur le Traité de la culture des plantes de bruyères de M. Victor Paquet, par M. *François de Schacken* (6).

Communication de la Société d'Agriculture de Toul (7).

Communication de la Société d'Agriculture de Château-Salins (8).

Expérience sur les avantages que présentent les porcs de la race Anglo-Chinoise, par M. *Guillaume de Schacken* (9).

Rapport sur la ferme de Villers-lès-Marsal, par M. *Paté de la Netz* (10).

Du défrichement des forêts, par M. *de Vilmotte,* associé libre.

Cultures fourragères, par M. *Castel,* de Bayeux.

La question du sel considérée sous le point de vue de l'industrie agricole et de l'impôt, par M. *Fawtier* (11).

Considération sur la formation de la graisse dans les animaux, par M. *A. Monnier* (12).

Nouvelle variété de courge, par M. *Bonvalot.* — *Communication de M. Millot* (13).

Notice sur un semoir destiné à répandre les engrais en poudre, par M. *Bert-Mique.*

Quelques idées sur la destruction des plantes nuisibles, par M. *de Montureux.*

Note sur la possibilité d'accroître de quelques millions la production du sol de la France, par le même.

---

(5) *Idem,* p. 293. — (6) *Idem,* p. 294. — (7) *Idem,* p. 305. — (8) *Idem,* p. 325. — (9) *Idem,* p. 344. — (10) *Idem,* p. 346. — (11) *Idem,* p. 371. — (12) *Idem,* p. 416. — (13) *Idem,* p. 425.

Des marchés à longs termes, par le même.

Nouvelles observations sur le fauchage des grains, par le même.

De l'Influence du sel sur la végétation, par M. *Braconnot,* avec des observations de M. *Soyer-Willemet* (14).

Rapport sur le semoir de M. *Vigneron* de Toul.

Communication de M. *Fawtier à l'occasion de la Cachexie.*

Rapports à la Section d'Horticulture sur la visite des pépinières et des dahlias, par MM. *Boulangé jeune et François de Schaken* (15).

Communication de M. *Henriet sur la péripneumonie.*

Agriculture anglaise, par M. *Félix Villeroy,* avec une note de M. *Fawtier sur le sel* (16).

Lettre de M. *Arnaud, pharmacien, sur les moyens de remédier au retard qu'avait fait éprouver la saison rigoureuse.*

Rapport sur les Mémoires de M. *Willaumez relatifs à la conservation des substances alimentaires,* par M. *Braconnot* (17).

Rapport de M. *Besval sur un nouveau système d'alambic proposé par* M. *Bouchon.*

De l'hybridité dans les végétaux; de l'origine de la température des eaux thermales, par M. le docteur *Godron.*

Nouvelles observations sur la fabrication des vins, par M. *Chrétien.*

Principes d'Agriculture et d'Hygiène vétérinaire, par M. *Magne,* professeur à Alfort.

---

(14) *Bon Cultivateur,* année 1844, p. 484 et 490. — (15) *Idem,* p. 503 et 507. — (16) *Idem,* p. 145 et 522. — (17) *Idem,* p. 516.

(22)

Manuel populaire d'Agriculture, par M. *Schlipf.* — Traduit de l'Allemand, par M. *Napoléon Nicklès.*

Enfin vous avez reçu plusieurs ouvrages de M. le Ministre :

Traité de la comptabilité agricole, par M. *Perrault de Jotemps.*

De la fabrication du fromage, traduit de l'Italien, par M. *Victor Rendu.*

Agriculture du royaume Lombardo-Vénitien, *traduit de l'Allemand de M. Burger.*

Cours d'Agriculture, par M. le comte de *Gasparin.*

Plantes orientales, par MM. le Comte *Jaubert* et *Spach.*

Histoire naturelle des animaux domestiques, par *Low.*

Les principales questions dont on s'est occupé dans les conférences ont été relatives aux points suivants :

1° Programme pour le concours des animaux, révisé comme on a pu le voir dans les concours de cette année. Afin de reconnaître les taureaux primés, on a décidé, dans la conférence du 22 mai 1844, qu'ils porteraient aux cornes une marque particulière.

2° Doit-on importer chez nous des animaux de forte taille ? Comme la solution à donner à cette question dépend entièrement de la valeur des pâturages, on décide d'après la proposition de M. *Monnier*, que l'on introduira à la fois de la grande race et de la race moyenne. A cette occasion M. *Turck* a demandé que des mesures administratives vinssent forcer les communes à ne se servir, comme animaux reproducteurs, que d'étalons reconnus par la Société. Une mesure à joindre à celle-là serait, ainsi que l'ont demandé MM. *Besval* et *Henriet*, d'indiquer aux cultivateurs les étables dans lesquelles ils auront à faire le plus beau choix de jeunes élèves pour peupler leurs écuries.

3° Des livrets à exiger de la classe ouvrière des campagnes.

(25)

4° Des Sociétés de secours mutuels tant pour les récoltes que pour le bétail. La conférence a exprimé le désir que le Gouvernement se chargeât lui-même de l'organisation d'assurances semblables, et elle est bien convaincue qu'il en résulterait le plus grand bien pour le pays. L'expérience est là d'ailleurs, Messieurs, qui nous prouve que dans d'autres localités une semblable mesure a produit le plus grand bien. En 1843, le Wurtemberg a perdu 900000 têtes de bétail qui ont été payées par le Gouvernement.

5° Convient-il de continuer l'importation des béliers de Dishley? La conférence, après mûr examen, reconnaît que les cultivateurs seuls qui n'ont pas suffisamment nourri leurs animaux, ont eu à se plaindre des béliers de Dishley. Les métis provenant des mérinos et des anglais ont une supériorité immense sur ceux que l'on pourrait obtenir par tout autre croisement. A 16 mois MM. *Turck, Brice* et *Daurier* ont eu des produits pesant plus de 70 k. en vie; 214 bêtes du troupeau de M. *Turck*, dont moitié étaient mérinos et moitié métis, ont donné 1000 k. vendus 2400 fr.

6° De la cachexie des moutons. A cet égard un Rapport particulier a été fait par M. *Turck*, Rapport inséré dans le *Bon Cultivateur* (18) et dans lequel sont reproduits les renseignements communiqués à la Société par M. *Fawtier*.

7° De la production fourragère dans le département de la Meurthe. La conférence ne s'était occupée de cette question que d'après la demande de l'administration militaire, qui avait besoin de renseignements à cet égard, afin de connaître les prix des fourrages. La Société, après avoir entendu les réflexions de M. *de Ludres*, ancien député, a demandé

----

(18) *Bon Cultivateur*, année 1844, p. 496.

que le ministère de la guerre ne se contentât pas seulement de faire acheter les foins des prairies naturelles ; mais prît encore ses mesures, à la fois dans l'intérêt du trésor, de l'armée et des cultivateurs, afin que le foin des prairies artificielles fût compté parmi les fourrages consommés par la cavalerie.

8° De la fabrication du pain. La Société recherche les avantages ou les inconvénients de la fabrication du pain destiné aux ouvriers dans une ferme, et reste d'accord que, s'il y a facilité d'acheter chez le boulanger, et s'il y a d'ailleurs abondance dans la production, il est généralement plus avantageux de s'en référer au principe de la division du travail, et d'acheter plutôt que de fabriquer. M. *Fawtier*, qui avait soulevé cette question dans la conférence, doit adresser un rapport particulier à la Société.

9° Enfin examen des questions à adresser au congrès de Paris, questions dont nous avons parlé précédemment.

Tels sont, Messieurs, les principaux points qui ont été discutés dans vos conférences. Ils étaient assez importants pour attirer l'attention de la Société, et pour permettre aux hommes éclairés qui la composent de donner des renseignements qu'il serait utile de reproduire ; mais malheureusement ils ne peuvent trouver place ici ; et jusqu'à présent on n'a pu leur donner toute la publicité désirable. Espérons que pour l'avenir des mesures seront prises afin de remédier à ce grave inconvénient.

Vous n'avez eu heureusement aucune perte à regretter dans la classe de vos membres ordinaires, et des changements n'ont eu lieu que dans la classe des Associés libres.

Ont été nommés à ce titre :

Associés libres.

MM. *de Meixmoron-Dombasle*, en remplacement de M. *Mouchette*, décédé.

Larcher, en remplacement de M. *Raybois*, décédé.

Henri Lepage,
De Ludres,
Zeysolff, } en remplacement de MM. { *Colleson,* démissionnaire.
Boulangé jeune et
Lefebvre, décédés.

Dans la classe des Membres auditeurs, vous avez reçu :

Auditeurs.

MM. *Henry Robert,* propriétaire.

Charles Besval, propriétaire.

Vaultrin, directeur de l'Ecole supérieure.

Leclerc, agent voyer.

Richard, de Bellevue-Croismare.

Colombier, ancien élève de Grignon, à Chanteheux.

Schott, à Art-sur-Meurthe.

Ottenheimer, maître de poste à Nancy.

D'Agon de Laconterie.

Amand Merdier, pépiniériste.

Edmond Simonin, professeur à l'école de médecine.

Choné, de Ludres.

Martin, de Rindebois.

Perrot, de Faulx.

Villemain, d'Autreville.

Henrion-Barbesan.

Julien-Deschiens.

Levylier, de Champigneules.

Bataille, de Toul.

Lamy, des Francs.

Bonnejoie, de Toul.

Bourion, de Nancy.

Rey, sous-inspecteur des forêts.

Samson, cultivateur à Aulnois.

Xardel, de Serrières.

Husson fils, d'Haussonville.

Lemoine fils, de la Bouzulle.

Lemblin, d'Art-sur-Meurthe.

Vigneron, de Vitrey.

Arnoux, avoué à Vic.

Vous avez enfin nommé Membres correspondants,

Correspondants.

MM. *Royer,* inspecteur de l'Agriculture.

Napoléon Nicklès, pharmacien à Benfeld.

Magne, professeur à Alfort.

Avant de terminer ce qui regarde la partie agricole de ce rapport, permettez-moi, Messieurs, d'appeler pour un instant votre attention sur une des branches principales des améliorations agricoles dans la Meurthe; je veux parler des importations d'étalons reproducteurs pour la race bovine. Un tableau dressé par notre honorable Secrétaire, d'après la demande de M. le Ministre de l'Agriculture et du Commerce, nous fournira à cet égard tous les renseignements désirables. Ce travail constate 1° que depuis 1836 la Société a fait 8 importations et introduit dans le département 70 taureaux suisses, qui ont coûté 18,971 fr. 88 cent.; qu'ils ont été vendus 15,199 fr. et que la perte a été, par conséquent, de 3,772 fr. 88, c'est-à-dire, environ de 20 p. %. 2° qu'en moyenne et en compte rond, le prix en Suisse a été par tête de 165 fr. 50 environ; les frais d'importation de 67 fr., dont 16 fr. 50 de droits d'entrée, ce qui réduit les frais d'importation à 50 fr. 50, et porte le prix moyen du taureau rendu à Nancy à 216 fr. environ. Les frais à Nancy se sont élevés à 38 fr. Chaque animal est donc revenu à 270 fr. 50 cent. environ; il a été vendu 217 fr., ce qui donne 53 fr. 50 cent. de perte par tête. Mais il faut remarquer que le prix de vente a toujours couvert au delà du prix d'achat combiné avec les frais d'arrivée à Nancy. Les pertes éprouvées sur ces diverses importations ont été supportées pour les 9/12 par les allocations du gouvernement, 2/12 par celles du département, et 1/12 par les cotisations de la Société.

Ces résultats prouvent tout l'empressement que mettent nos cultivateurs à se procurer de beaux animaux pour les croisements, et on a bien vite reconnu l'influence des importations de la Société, lorsqu'on visite les étables du département. Presque partout les petites vaches ont fait place à une race plus rustique et plus productive, et il est bien certain que, si l'extension donnée à la culture des fourrages racines et des prairies artificielles est une cause dominante parmi celles qui ont concouru à l'amélioration, les croisements, tant pour les bêtes bovines que pour les chevaux, ont aussi produit les plus heureux résultats, toutes les fois qu'ils ont été bien calculés. Quant à ce qui concerne les bêtes ovines, on est toujours très-satisfait chez nous du mélange du sang mérinos au sang Dishley. Cependant ceux de nos cultivateurs qui, agissant probablement sans réflexion, n'ont tenu aucun compte de la consanguinité et ont croisé les frères avec les sœurs, et même des métis avec d'autres métis; ceux-là, disons-nous, ont obtenu les résultats les moins favorables. Mais ceux qui, au contraire, ont consulté les leçons de l'expérience et se sont toujours mis en mesure d'en revenir aux premiers croisements, n'ont eu qu'à se louer des résultats qu'ils ont obtenus, et ils sont bien déterminés à persévérer dans la voie où ils ont pénétré. C'est le temps seul, Messieurs, qui nous permettra d'asseoir une opinion sur une question aussi importante; mais ce qui s'est fait chez nous depuis quelques années seulement nous autorise, comme je le disais déjà l'an dernier, à bien augurer de l'avenir.

Je ne vous apprendrai rien de nouveau, Messieurs, en vous disant que, pendant l'année qui vient de s'écouler, nos horticulteurs ont rivalisé de zèle comme par le passé. De toutes parts, il y a eu progrès, et l'art du fleuriste comme celui du légumiste sont arrivés, chez nous, à un point des plus avancés. C'est à votre Section d'Horticulture qu'est due la plus grande part dans ce beau résultat, et vous me permettrez, dans cette occasion, d'être l'organe de sentiments de reconnaissance bien mérités. Autant il serait mal à une Société comme la nôtre de ne s'occuper que d'horticulture, autant il serait peu raisonnable et peu réfléchi même, dans l'intérêt des populations qui nous entourent, d'oublier l'horticulture; tout en nous donnant les produits les plus délicats de la terre, elle procure aux sens l'impression la plus agréable, et, ne serait-elle envisagée que sous ce dernier rapport, qu'elle justifierait toute la bienveillance dont vous l'environnez. Je n'irai pas plus loin, Messieurs, à cet égard; car un rapport va vous être fait sur la belle exposition que vous avez sous les yeux, et l'honorable membre chargé de cette mission fera beaucoup mieux ressortir que je ne le pourrais moi-même et la beauté de l'art qu'il représente et tout l'intérêt qu'à juste titre vous lui portez. Permettez-moi donc de vous dire quelques mots seulement des travaux de la Section.

Fidèle à ses précédents, elle s'est occupée attentivement de tout ce qui lui a été signalé comme une nouveauté ou une amélioration. Ainsi, chacun de vous a dû lire dans le *Bon Cultivateur* une communication intéressante, concernant une espèce particulière de Courge, dite l'ami des pauvres. La Section, qui avait reçu cette communication de M. *Millot,* a reçu aussi du même les dessins de deux poires nouvelles obtenues en Belgique en l'année 1843, l'une sous le nom de Louise d'Orléans, l'autre sous le nom de Triomphe de Jodoigne. Le mémoire de M. *Millot* ne tardera pas à enrichir le *Bon Cultivateur.*

Ici, Messieurs, s'arrête la première partie de mon rapport, et ma tâche la plus difficile ; car, pour le reste, je n'aurai plus qu'à vous parler de travaux auxquels vous venez d'assister. Je solliciterai donc encore de votre part un instant d'indulgence, vous promettant d'avance d'être aussi bref que la matière importante que j'ai à traiter le permet.

Concours de 1843.

Prime de 500 *francs pour la bonne tenue des exploitations rurales.*

Si jamais on avait pu douter de l'influence des tournées agricoles faites par la Commission des concurrents sur les différents points du département, il suffirait d'examiner les résultats obtenus cette année pour en reconnaître non-seulement l'utilité, mais je dirai même la haute importance. Nos cultivateurs n'en sont plus à cette époque où la louange leur était aussi indifférente que le blâme, et ils ne concourent pas uniquement pour avoir des primes, mais surtout, afin qu'on visite leurs travaux, qu'on leur donne les avis qui paraîtront convenables, et qu'enfin leurs noms figurent avantageusement dans les rapports faits à la Société. C'est là sans contredit une de ces modifications dans les esprits qu'on pouvait le plus désirer, et je suis convaincu que le temps n'est pas éloigné où, dans chaque département, on

organisera des Commissions, non pas seulement pour les
concours, mais chargées encore de faire des enquêtes sur
les différentes parties de l'Agriculture. Ce vœu, émis par
M. *Fawtier*, a pour but de réaliser un projet exécuté chez nos
voisins les Anglais vers la fin du dernier siècle, et qui a
parfaitement réussi ; en effet, si l'Angleterre s'était rapi-
dement avancée dans la voie des améliorations depuis sa
révolution de 1688, on peut dire que ce n'est qu'avec *Ar-*
thur Young et *John Sinclair* que son Agriculture a pris le
plus grand essor, et est arrivée, sous le rapport de la production du bétail principalement, à un point qu'il serait
difficile de dépasser. Cependant, et c'est ce qu'il faut bien
remarquer, car c'est le seul moyen d'arriver à de véritables
résultats, si l'Agriculture anglaise a fait un chemin aussi
rapide, c'est qu'il y a eu unité d'action ; c'est que tous les
travaux particuliers faits par des Sociétés spéciales ont été
ensuite centralisés, de façon que *John Sinclair* en a recueilli
un code de doctrines qui a été publié, répandu dans le
pays, et qui a même été traduit dans notre langue par *Mathieu*
de Dombasle (1). Dans notre département, il sera peut-être
fort difficile d'obtenir partout des renseignements exacts et
tels enfin que la Société puisse formuler son opinion. Pour
juger des choses, dans ce cas, il est presque indispensable
de les avoir vues, et c'est alors que l'on comprend le mieux
toute l'importance qu'il y aurait à créer, pour chaque
département, des Inspecteurs d'agriculture, se transpor-
tant successivement et à différentes reprises, s'il le faut,
sur tous les points de la circonscription dans laquelle ils

____

(1) Agriculture pratique et raisonnée. Paris, 1825, 2 vol. in-8°.

auraient été placés, et rendant compte chaque quinze jours ou chaque mois à la Société du résultat de leurs visites dans les fermes. On obtiendrait de cette façon tous les renseignements qu'il faudrait pour écrire l'histoire de l'agriculture d'un pays, et, de tous les moyens proposés jusqu'à présent, je reste bien convaincu que c'est le seul qui offre de véritables chances de réussite.

Un autre motif non moins puissant qui a stimulé nos cultivateurs et les a fait rivaliser de zèle et d'efforts pour obtenir les couronnes de la Société, c'est que cette année nous avions une véritable prime à donner. 500 fr. sont très-peu de chose sans doute en comparaison des dépenses que l'on est obligé de faire dans la plupart des fermes où l'on veut tant soit peu améliorer l'état de choses existant ; mais ce n'est plus mesquin du moins, et le Gouvernement, en mettant les Sociétés à même de distribuer des prix de cette valeur, leur donne, par ce seul fait, une importance bien supérieure à la somme d'argent accordée. Nous avons donc lieu d'espérer que tous les ans on verra augmenter le nombre des concurrents. Cette année, on a commencé par l'arrondissement de Nancy, qui avait offert le plus grand nombre de concurrents. Mais, pour l'année prochaine, ce sera un autre arrondissement qui profitera de cet avantage, et le prix sera ainsi successivement donné à Lunéville, à Château-Salins, à Toul et à Sarrebourg, pour revenir ensuite à l'arrondissement de Nancy. Que les cultivateurs qui ont échoué cette année se consolent donc, puisqu'en redoublant de zèle et de persévérance, ils ont l'espoir d'être couronnés une autre fois. A l'occasion de cette prime, un de nos membres les plus distingués et les moins intéressés à faire une proposition de ce genre, émettait dernièrement le vœu que les fermiers seuls fussent appelés à concourir à ce prix. Ce serait une chose bien vue sans doute : car les propriétaires profitent assez de leurs améliorations pour être intéressés à les faire sans primes; tandis qu'un fermier, n'ayant que le bénéfice annuel, a besoin d'être encouragé et même soutenu dans ses tentatives. Cependant, remarquons-le bien, Messieurs, les propriétaires chez nous paraissent être justement ceux qui sont les moins disposés en faveur du progrès, et leur enlever le droit de concourir à vos prix, serait peut-être nuire plus qu'on ne le suppose à notre agriculture. Les propriétaires, dans tous les cas, méritent un autre genre de récompense que vous ne devez pas oublier de leur donner, lorsqu'il y a lieu : c'est votre approbation, quand ils favorisent leurs fermiers dans les tentatives d'amélioration que ceux-ci peuvent faire. Il y a tant d'exemples contraires , qu'on ne doit rien négliger pour répandre au loin la réputation des hommes qui comprennent bien que le progrès ne peut marcher seul et sans argent.

Notre Commission des concurrents, Messieurs, avait bien compris, dès le commencement de ses tournées, toutes les difficultés de la tâche que vous lui aviez confiée, et, afin de rendre son travail plus régulier, votre décision plus facile, et afin surtout de pouvoir communiquer au public agricole sa propre conviction, elle avait, avant de rien entreprendre, posé les bases du travail d'après lequel elle devait opérer, et dont elle vous a soumis le résumé avant votre Séance publique. On conçoit facilement les difficultés que l'on avait à surmonter en effet, non pas pour se rendre compte des opérations culturales et de l'état d'une ferme au moment où elle était visitée, mais pour apprécier chacune des causes qui viennent modifier ici l'opinion que l'on peut se former sur la valeur de telle ou telle pratique, de telle ou telle méthode. Pourquoi un cultivateur a-t-il adopté tel assolement plutôt que tel autre? Ses récoltes, quoique moins belles, n'ont-elles pas réclamé plus de soins et plus de sacrifices, et celui qui les a obtenues n'a-t-il pas pour cette raison plus de mérite que son voisin, favorisé par la position agricole la plus avantageuse? A une distance de 20 ou 25 kilomètres de la ville, dans une ferme où l'on peut à peine aborder pendant l'été, tant les chemins sont en mauvais état, lorsque les terres sont extrêmement fortes, lorsque les bâtiments sont mal distribués, et que, comme fermier, on n'y peut rien : dans des circonstances semblables, disons-nous, est-il raisonnablement possible d'exiger que le cultivateur ait sa maison de ferme tenue d'une manière aussi propre, et que l'ensemble de l'exploitation présente ce coup d'œil qu'offre une bonne distribution, de beaux chemins, et la proximité d'un grand centre de population où tout s'achète et se vend facilement? Chacun a déjà pu répondre à cette question; mais pour la Commission il ne s'agissait pas seulement de poser les objections, il fallait les résoudre, et pour cela s'en référer aux intentions de l'administration supérieure qui, avant tout, veut que la prime soit donnée à l'exploitation offrant, dans son ensemble, non pas peut-être le modèle le plus beau, mais le modèle le plus avantageux, le plus rationnel à présenter aux cultivateurs de l'arrondissement. Les travaux antérieurs, les grands obstacles que l'on a eus à surmonter et les dépenses considérables que l'on a faites pour arriver à un résultat, ne viennent donc qu'en second ordre. C'est ce qui existe dans le moment même, ce sont les faits saisissables ou que l'on peut constater qu'il faut voir, en isolant les hommes de leurs précédents. C'est afin de répondre le mieux possible aux intentions de M. le Ministre que la

Commission a cru devoir faire rouler son examen et ses investigations sur dix points principaux, dans lesquels viennent se réunir ou se grouper les considérations particulières ou les points subsidiaires dont la Commission a dû tenir compte. La Commission, Messieurs, est loin de vous présenter son travail comme une chose parfaite, accomplie, à laquelle, par conséquent, il ne reste plus rien à changer : ce n'est qu'une ébauche au contraire qu'elle soumet à l'examen de l'administration supérieure et du public agricole, afin de faciliter les nouvelles recherches que l'on pourrait faire à cet égard, et pour mettre au grand jour le mode d'appréciation auquel elle a eu recours pour cette année. Je dis au grand jour ; car, malgré tous les soins qu'a mis la Commission à s'entourer de renseignements exacts d'après lesquels seuls elle pouvait établir son jugement, elle n'en a pas moins été critiquée par certaines personnes, étrangères à l'agriculture ou guidées par un pur motif de jalousie. Sans vouloir se justifier des reproches qu'on a pu lui faire, soit publiquement, soit dans l'ombre, la Commission n'en croit donc pas moins devoir entrer dans tous les détails du mode d'appréciation auquel elle a eu recours cette année et du jugement qui en est ressorti. Dans tous les cas, qu'ils reçoivent nos compliments bien sincères de félicitations ces concurrents qui auraient voulu joindre leur vote à celui de la Commission et ajouter ainsi un fleuron de plus à la couronne de leur vainqueur. Ils ont montré qu'ils avaient laissé bien loin derrière eux ces sentiments de basse jalousie qui ne divisent que trop souvent encore nos cultivateurs.

Tous les renseignements puisés par votre Commission se rapportaient aux points suivants :

La comptabilité. Il serait à désirer qu'on pût en faire une condition indispensable pour les concours des fermes, et par conséquent, une cause d'exclusion pour celui qui ne se rendrait compte d'aucune de ses opérations. On comprend bien qu'une comptabilité très-détaillée ne peut se tenir qu'assez difficilement dans une ferme; mais, entre une besogne de ce genre et le travail par lequel le cultivateur sait ce que lui vaut chaque récolte, ce que lui coûtent ses labours, quel est le genre de bétail qui lui est le plus avantageux, il y a une grande différence, et on peut dire que celui qui marche sans avoir résolu ces dernières questions, suit la route la plus chanceuse, et dans laquelle il y aura toujours des pertes à essuyer. Si maintenant la Société d'Agriculture de Nancy n'exige pas des cultivateurs qui concourent cette garantie d'un bon travail, nous aimons à croire qu'elle pourra le faire bientôt; car les améliorations constantes qui ont lieu dans la pratique de l'agriculture auront nécessairement comme conséquence une tenue plus ou moins détaillée de la comptabilité dans chaque ferme.

Le second point, celui que l'on peut considérer comme capital et dans lequel la comptabilité seule peut éclairer, c'est l'assolement; de la latitude que conservera le cultivateur dans sa marche, et de la quantité de produits qu'il créera sans épuiser le sol, dépendent et la simplicité et le bénéfice. Le meilleur assolement est donc celui qui produit le plus dans un temps donné, et qui permet de continuer le même système sans épuiser le sol. Ici, plus que dans tout autre cas, il faut bien connaître les circonstances sociales et locales de l'exploitation; car, comme tout le monde le sait aujourd'hui, ce sont ces circonstances qui font les assolements. On n'a aucune formule à donner comme règle, et, s'il y a des exemples, on ne peut les copier servilement, comme nos premiers agronomes l'avaient prétendu. On le conçoit facilement : ce n'est pas une étude d'un jour ni même d'une année qu'il faudrait faire pour apprécier dans tous ses détails la valeur de tel ou tel assolement. Mais, malgré la variété de ces derniers, il y a toujours des points capitaux dont on ne peut s'éloigner dans aucune circonstance, comme la proportion des plantes fourragères relativement à l'étendue de la ferme et à sa position, le nombre des récoltes épuisantes et des récoltes salissantes mis en parallèle avec celui des plantes améliorantes ou des plantes sarclées, et ce sont ceux-là qui doivent attirer avant tout l'attention de la Commission. Il faut le reconnaître, tout dans la ferme dépend de l'assolement, le nombre des animaux et leur état comme le genre d'instruments dont on se sert; car tout se lie comme on le sait en agriculture : par exemple, si on fait des pommes de terre, il faut resteindre l'étendue des jachères et acheter une houe à cheval. Mais chacun de ces points particuliers est important par lui-même et ne pouvait manquer d'attirer l'attention de la Commission, qui a toujours eu pour but principal d'arriver à l'ensemble d'appréciation le plus exact par l'examen des détails, c'est-à-dire, de chaque point pris isolément.

Après l'assolement sont donc venues les questions suivantes: 1° Etat du bétail et mode d'entretien; 2° production de l'engrais ou nombre d'animaux par hectare; 3° manière de recueillir, de conserver et d'employer les engrais; 4° état des récoltes, et des terres non occupées; 5° état des instruments et leur genre; 6° propreté de l'intérieur de la ferme, cour, cuisine, étables, greniers, fenils, etc. ; 7° améliorations spéciales, telles que procédés nouveaux, instruments ou mode d'exploitation; 8° difficultés d'exploitation. La Commission a pensé que, si un examen attentif et scrupuleux ne permettait pas d'arriver à un résultat toujours très-exact relativement à l'exploitation en elle-même, c'était

toutefois le seul moyen de rendre les comparaisons faciles,
ce qui était le point le plus important dans cette occasion.
Nous allons donc, en passant en revue les différentes fermes
qui se sont présentées au Concours de cette année, indiquer
quelle a été l'opinion de la Commission sur chacun des
points principaux qui viennent d'être indiqués.

Outre les fermes de Champigneules, du Champ-le-Bœuf,
des Francs, de Saint-Charles, de Pont-à-Mousson et de
Tomblaine, que la Commission a visitées expressément pour
le prix d'arrondissement, elle n'a pas oublié pour cela de
prendre, sur tous les points où elle s'est transportée, les
renseignements qu'il lui a paru utile de communiquer à la
Société, et nous aurions un volume entier à faire, Messieurs,
si nous devions vous retracer ici toutes nos impressions et
vous dire tout ce que nous avons recueilli de faits intéres-
sants dans ces tournées, souvent bien gênantes pour nous,
mais que nous faisons toujours avec un nouveau plaisir,
puisque nous voyons qu'elles ne sont pas sans importance,
et que d'ailleurs elles nous mettent mieux que tout autre
moyen à même d'apprécier les difficultés et les résultats,
et d'acquérir ainsi ce genre d'expérience qui forme la véritable pratique. Ces documents, Messieurs, ne seront pas
perdus, nous le pensons, pour le public agricole ; mais ils
ne peuvent trouver place ici, et nous nous contenterons
pour aujourd'hui de vous prier de témoigner toute votre reconnaissance aux cultivateurs de la Bouzule, de Ludres,
de Germiny, de Roville, de la Hutterie, de Martincourt et
de Haussonville qui, sans concourir pour les fermes, ont
bien voulu répondre à toutes les questions que nous nous
sommes permis de leur faire sur l'ensemble de leur culture,
et ont favorisé de tout leur pouvoir les travaux de votre
Commission.

Fermes de Champigneules, du Champ-le-Bœuf, des Francs, de Pont-à-Mousson, de Saint-Charles et de Tomblaine. — Avant tout, disons d'abord une chose : c'est que, parmi les concurrents qui se sont présentés, il n'en est aucun qui n'ait bien mérité; tous, Messieurs, avaient rivalisé d'efforts pour obtenir votre approbation, et, nous croyons pouvoir le dire sans crainte de blesser en rien le fermier de Champigneules, il a eu de dignes émules. Son mérite à nos yeux n'en est que plus grand, et, si M. *Brice* n'est pas venu jusqu'à présent sans entendre dire à ses oreilles qu'il est un des meilleurs cultivateurs du pays, il ne doit pas moins être flatté de la distinction dont il a été l'objet de la part de la Société. Honneur donc au vainqueur dans une si noble lutte, dans une lutte où se déploie la véritable intelligence de l'homme! Mais honneur aussi à MM. *Gœtzmann, Lamy, Masson, Dieudonné et Louis,* qui ont montré dans leurs cultures des modèles qu'il serait bien important de voir imiter ailleurs!

Pour ce qui est de la comptabilité, Messieurs, nous avions une bien faible différence à établir entre les concurrents; car, nulle part, il n'y avait rien de véritablement organisé sous ce rapport. M. *Brice* a pu nous indiquer d'une manière approximative ce qu'il dépense et ce qu'il obtient, et il sait ainsi *grosso modo* quel est son bénéfice annuel; mais il n'a rien de bien positif. M. *Gœtzmann* se trouvait à peu près dans le même cas : seulement il aurait pu raisonner sur une période moins longue ; néanmoins, il avait su se rendre compte des dépenses que lui avait occasionnées sa culture pour l'amener au point où elle est actuellement. M. *Gœtzmann* est propriétaire, et, comme tel, il a pu faire des améliorations dont il voyait les résultats dans un avenir lointain. C'est bien certainement là une conduite fort louable, et que

la Société se plait à donner comme modèle aux autres propriétaires. Mais il mérite aussi des louanges le fermier qui,
ne pouvant obtenir de son propriétaire la construction d'une
bergerie dont le fumier servira à améliorer les terres de la
ferme, fait la dépense lui-même, et sait cependant calculer
ses intérêts , en faisant établir en planches ce qu'un propriétaire aurait dû établir en pierres; il mérite aussi des
encouragements de la Société celui qui fait d'un marais fan-
geux et improductif une prairie aujourd'hui du plus grand
rapport, et offre pour cela à son propriétaire une somme de
1,800 fr. de canon, tandis qu'auparavant cette terre d'environ 56 hectares rapportait au plus 150 fr. et pouvait être
encore , dans le pays, la cause de maladies épidémiques.
Pour moi, je vois dans le propriétaire et le fermier deux
hommes de progrès. Le premier, cultivant des terres qui
ne lui appartiendraient pas, obtiendrait probablement les
mêmes résultats ; mais, en conscience et aux yeux de la
Société, il ne peut avoir le même mérite, lorsqu'il fait les
mêmes sacrifices pour son propre sol.

Les assolements étaient généralement bons ; cependant
nous devons dire que celui du Champ-le-Bœuf, tout avantageux qu'il est pour la position de la ferme, ne peut être recommandé partout, et ne peut ainsi servir de modèle, puisque deux récoltes céréales se succèdent sans être suivies
d'une jachère; or, dans ce cas, il est bien difficile que, pour
la rotation suivante, on ait une terre bien propre. Aussi,
l'automne dernier, avons-nous trouvé au Champ-le-Bœuf,
dans la pièce de terre vis-à-vis la ferme, et avant d'arriver
au défrichement, des blés qui n'étaient pas de la plus grande
propreté. Dans notre dernière visite, les récoltes ensemen-
cées, les terres non emblavées étaient dans un bien meilleur
état. Voici l'assolement que M. *Besval* aurait recommandé

en remplacement de deux céréales, et quelquefois d'un rantouillage suivi d'une récolte sarclée : 1° blé, 2° pommes de terre, 3° blé, 4° trèfle et 5° avoine. Nos deux visites chez M. *Gœtzmann* ont eu lieu le 25 mai 1844 et le 20 avril 1845. Les plantes étaient alors distribuées de la manière suivante :

Blé.	42 hect.	80
Avoine.	»	80
Prés.	13	75
Blé de printemps.	2	45
Seigle.	4	60
Vesces.	5	20
Pois.	»	60
Betteraves.	1	20
Carottes.	»	20
Luzerne.	14	40
Trèfle.	1	20
Sainfoin.	4	20
Chènevières.	»	20
Prairies naturelles.	8	20
Carrières.	2	40

102 hectares environ.

Avec cet assolement, M. *Gœtzmann* peut vendre sa paille et ses fourrages, et achète ses fumiers; toutes les fois que la paille arrive à 15 fr. les 500 kil., il gagne à prendre son fumier à la ville qui n'est éloignée que de 3 kilomètres.

Quant à M. *Brice*, il a trois sortes de terres et trois sortes d'assolements reposant tous sur les principes les plus rigoureux de l'alternance et de l'action épuisante des végétaux. Sur les terres de moyenne consistance, avec une fumure de 60,000 kil. par hectare, tous les 4 ans, il a pommes de terre, blé, trèfle, et blé. Les produits pour les pommes de terre sont de 5,500 kil. par 1/5 d'hectare ou le jour de notre pays, pour le blé 5 hectolitres sur la même étendue, pour le trèfle 1,500 kil. Si le trèfle manque, comme dans les

années sèches, par exemple, on le remplace par d'autres légu-
mineuses. Si le blé ne réussissait pas aussi bien, on aurait
dans des terres semblables des avoines de première qualité.
Dans les terres de la plaine, M. *Brice* ne fait jamais de jachères et a ordinairement un assolement de deux années, ou
bien, si la saison est très-propice, le sol bien propre et riche, il se permet de faire revenir le seigle après une autre
céréale, et avant une récolte sarclée. Sur ces terres, M. *Brice*
met 8,000 kil. de fumier par 1/5 d'hectare tous les trois
ans. Il estime son fumier, dans la position où il se trouve
et d'après les calculs qu'il a faits, à 3 fr. 50 les 0/00 kil.
Avant les pommes de terre, M. *Brice* sème aussi assez
souvent des vesces d'hiver qu'il fait pâturer au printemps
après la plantation des pommes de terre. Sur des terres
de cette nature, les racines mûrissent toujours, ce qui n'a
pas lieu pour les autres sols. Avec la fumure dont nous
avons parlé, M. *Brice* a obtenu 25 à 30,000 kil. de
betteraves par hectare; mais alors il avait une étendue de
fourrages-racines beaucoup plus considérable, parce qu'il
fournissait à la fabrique de sucre de Champigneules. Aujourd'hui qu'il n'a que 20 hectares de pommes de terre
dont les produits sont employés à la fabrication de l'eau de
vie, il peut beaucoup mieux les soigner, et obtenir ainsi sur
la même étendue de terre des produits bien autrement élevés que par le passé. Sur ses terres des côtes, M. *Brice* à
l'assolement : jachère, blé, trèfle, avoine et blé, ou bien sur
les pièces divisées, jachère et trèfle seulement tous les 6 ans.

Les assolements de MM. *Masson* frères, de la ferme du
Puits, et de M. *Lamy*, des Francs, sont de trois ou quatre
années selon la nature des terres, et on y fait revenir assez
souvent le colza à la place de la jachère ou d'une plante sarclée. Cette rotation peut présenter aussi des avantages; mais

nous croyons que le colza y prendra tous les jours moins de place, car cette plante épuise trop le sol et fait courir trop de risques avant de donner de véritables produits. Quant à l'assolement de M. *Louis*, il se trouve extrêmement simplifié à cause de la grande étendue de prairies naturelles attenant à la ferme. Pour le connaître, on peut avoir recours au rapport que nous avons fait en 1843 sur la ferme de Tomblaine.

Dans les différentes fermes que nous avons visitées, le nombre des animaux par hectare a varié depuis 0,5 jusqu'à 1 ; c'est-à-dire que nous avons trouvé entre 1/2 tête de bétail par hectare ou l'équivalent en moutons et 1 tête. Cette dernière proportion se rencontre difficilement; mais dans les fermes très-rapprochées des villes, comme chez M. *Gœtzmann*, ou bien dans les localités où sont établies des industries transformant des produits agricoles, on a l'engrais correspondant au nombre de bétail dont nous venons de parler, sans posséder réellement la nourriture qui doit le produire. Pour un peu plus de 80 hectares de terres arables, M. *Brice* a environ 90 têtes de gros bétail, ce qui donne une tête par hectare. Chez M. *Gœtzmann*, on n'a qu'une demi-tête, parce qu'on achète le fumier. Chez M. *Lamy* des Francs, on a à peu de choses près la même proportion; à Pont-à-Mousson, 60 sur 100; et à Tomblaine, 194 sur 200. C'est donc à Champigneules et à Tomblaine que l'on doit avoir la plus forte proportion d'engrais produits sur une étendue donnée de terre. Il faut dire aussi à l'avantage de MM. *Masson* qu'ils n'ont pu former leur assolement que depuis peu; car auparavant ils cultivaient principalement les betteraves pour leur fabrique de sucre, et, pendant les premières années d'exploitation, ils ont dû faire arriver, au haut de la côte St-Pierre où se trouve leur ferme, plus de 1,000 voitures de fumier destinées à l'amélioration d'une ferme presque abandonnée précédemment, et où, pour peu qu'on semât, c'était encore trop, puisqu'on n'avait que 8 ou 10 têtes de bétail pour produire le fumier de 100 hectares. MM. *Masson* sont des jeunes gens très-zélés, que la Société regrette de n'avoir pu récompenser ; mais elle se plaît à reconnaître tout leur mérite, et elle les félicite d'autant plus, qu'ils n'avaient pas attendu la décision de la Société pour faire connaître leur propre opinion: ils sont amis du progrès sans enthousiasme, et, libres dans une propriété, ils auraient bien certainement sous peu une des premières fermes du pays. Le sort a voulu qu'ils tombassent entre les mains d'un propriétaire qui ne les comprend pas, auquel ils paient un canon trop élevé. Mais ils ne seront pas les seuls à souffrir de cet état de choses; car, leur bail terminé, la ferme du Puits, qui était devenue bonne entre leurs mains, retombera dans son premier état.

Quant à la manière de recueillir les engrais, elle est loin d'être partout ce que l'on aurait pu désirer. Où les fossés à purin existent dans les étables, elles ne se trouvent pas près du fumier, et il est bien peu de fermes aujourd'hui où l'on ne perde rien en fait d'engrais. On peut dire néanmoins que c'est à Tomblaine que le purin se recueille le mieux dans les étables ; aussi, M. *Louis* a-t-il reçu pour cette raison les encouragements de la Société dans les années précédentes. Aux Francs, le purin qui sort du fumier est presque complétement perdu, ainsi que chez M. *Gœtzmann*; et, chez MM. *Masson*, la fosse à purin a été établie cette année seulement. M. *Dieudonné* (Victor), à Saint-Charles, se dispose aussi à établir une fosse du même genre. C'est là une chose qui coûte bien peu eu égard à son importance ; la Commission devait donc y tenir essentiellement : car, si nos voisins les Allemands et les Anglais nous ont laissés si loin derrière eux en agriculture, cela tient en grande partie aux soins qu'ils ont mis à recueillir les engrais, de quelque nature qu'ils soient. En Chine, ce pays où toutes les sciences et l'agriculture semblent avoir pris naissance, on n'oublie rien pour faire de l'engrais : tout est mis à profit, et c'est plutôt l'horticulture appliquée à la culture que l'on suit dans ce pays-là, que l'agriculture pratique telle que nous l'avons chez nous. Quoique nos cultivateurs soient parfaitement convaincus de l'importance des engrais, et qu'à cet égard il reste fort peu par conséquent à leur apprendre, nous pensons donc qu'ils ne mettent pas assez en pratique ce qu'ils conçoivent bien depuis fort longtemps.

Quant à l'état du bétail, il était presque parfait dans les différentes exploitations que nous avons visitées. Les chevaux de MM. *Gœtzmann* et *Brice* ne laissaient rien à désirer. Chez MM. *Masson* et *Lamy,* il n'y avait rien à dire, et M. *Louis* seul mérite des reproches à cet égard. Il continue à croire qu'attacher les chevaux est absurde; tandis que nos meilleurs cultivateurs prétendent que c'est le contraire qui a lieu, et, pour notre compte personnel, nous devons dire que l'opinion de M. *Louis* nous paraît d'autant plus incompréhensible, qu'il passe à juste titre pour un des meilleurs cultivateurs du pays. M. *Dieudonné,* qui n'a commencé à cultiver que dans le courant de l'année dernière, a déjà un attelage bien monté; il travaille avec beaucoup de zèle, et la Société fait des vœux pour que son activité soit couronnée de succès. Sa tâche est difficile, quoique sa position ne soit pas sans avantages cependant, puisqu'il est à la porte de la ville où il peut acheter les engrais ; et il y aura pour lui bien du mérite à augmenter la fertilité de terres à l'amélioration desquelles son beau-père M. *Grandœury* a déjà contribué puissamment.

(45)

Les récoltes ont été généralement belles ; mais celles de
Champigneules, tant sous le rapport de leur belle venue que
de leur propreté, ne laissaient réellement rien à désirer.
Aux Francs, à Pont-à-Mousson, à Saint-Charles, nous avons
trouvé moins bien en général, sans qu'on puisse rien re-
procher cependant aux cultivateurs qui ont obtenu les moins
beaux résultats; car la réussite d'une récolte est très-sou-
vent indépendante de la volonté du cultivateur. Ainsi, à
Varincourt, chez M. *Daurier*, on a les plus beaux trèfles
que l'on puisse désirer, tandis que, chez M. *Lemoine* de
la Bouzulle son voisin, on n'obtiendra qu'une récolte
médiocre.

A Champigneules, au Champ-le-Bœuf, etc., nous avons
rencontré tous les instruments perfectionnés, et, s'ils ne se
trouvaient pas chez MM. *Masson*, ou si, du moins, les charrues du dernier modèle n'étaient pas mises en usage, on
doit l'attribuer à la position particulière de la ferme, puis à
l'impossibilité de renouveler immédiatement le matériel. M.
Gœtzmann, selon l'avis que la Commission s'était permis
de lui donner au mois de mai 1844, a placé tous ses instruments sous un hangard où aucune détérioration n'est à craindre. C'est là un exemple que devraient suivre tous nos
cultivateurs. C'est seulement depuis deux années que le
fermier des Francs a changé ses vieilles charrues massives
et défectueuses du pays pour en prendre à la fabrique de
MM. *de Meixmoron-Dombasle* et *Noël*, et la Société doit témoigner toute sa satisfaction aux jeunes *Lamy* pour la persévérance qu'ils ont mise, malgré les obstacles nombreux
qui s'y opposaient dans leur famille, à adopter des instruments qu'aujourd'hui tous les cultivateurs des environs sont
fiers de conduire. Partout, en effet, les progrès se font remarquer, et beaucoup de nos cultivateurs examinent avant
de critiquer.

Il est inutile de vous dire, Messieurs, que partout nous avons rencontré la machine à battre. Il n'est plus aujourd'hui de cultivateur sensé qui pense pouvoir s'en passer, et ici, comme dans les autres parties de l'agriculture, les perfectionnements sont journaliers. D'après ce qui a été constaté dernièrement chez M. *Hoffmann*, il paraît, en effet, que notre pays sera bientôt doté de la machine *Ransome*, dont il est tant question depuis une année.

La propreté intérieure des fermes, tant pour ce qui regarde l'intérieur des bâtiments que pour ce qui concerne le bétail, a bien peu laissé à désirer, et, chez MM. *Brice* et *Gœtzmann*, nous avons trouvé de véritables modèles à offrir. Chez M. *Gœtzmann*, il y avait même plus que l'on ne pourrait faire généralement, quoique la propreté, comme le bon ordre, se maintienne facilement lorsqu'elle a été établie. Partout nous avons eu aussi des améliorations spéciales à constater, mais nulle part, autant que chez les deux cultivateurs que nous venons de nommer; c'est d'ailleurs ce que nous avons dit en commençant ce Rapport.

Quant aux difficultés d'exploitation, elles étaient nulles pour Champigneules et le Champ-le-Bœuf, et MM. *Masson* de Pont-à-Mousson et *Lamy* des Francs se trouvent réellement dans les conditions les moins avantageuses. Aussi, la Commisson a-t-elle cru devoir en tenir compte dans l'ensemble de son appréciation.

Tout bien calculé, Messieurs, et nos observations soumises à la Société réunie, on a jugé que M. *Brice*, qui l'emportait de beaucoup sur les autres concurrents, tout en conservant l'avantage sur M. *Gœtzmann*, méritait le prix que nous devons à la bienveillance de M. le Ministre. M. *Brice*, au reste, est connu depuis 10 ans par ses travaux et ses améliorations; depuis 10 ans aussi il sert de modèle à ses voisins. Mais, disons-le cependant, cette opinion bien établie chez tous nos praticiens sensés ne nous a nullement conduits dans la tâche qui nous était imposée : ce sont les faits que nous vous avons soumis qui nous ont guidés, et, en nous mettant ainsi à l'abri de toute critique locale et étrangère, nous avons probablement obtenu un résultat que l'on ne pourra constater partout.

Concours de charrues.

Le concours de charrues qui, cette année, a eu lieu à la ferme des Francs, a été bien moins nombreux que par le passé, et on doit l'attribuer en majeure partie au mauvais temps qui a empêché les cultivateurs de se présenter sur le champ de la lutte. On n'a compté que 9 instruments; mais on a remarqué surtout le travail de la charrue construite par M. *Perrin* (des Quatre-Fers, commune de Clémery). Elle a donné, dans une terre en pente et de consistance assez forte, un labour parfait. Ce n'est qu'une charrue *Dombasle* dont le versoir a été un peu changé.

M. *Husson* fils d'Haussonville avait aussi présenté devant le Jury un rigoleur qui paraît très-avantageux pour l'assainissement des prairies.

Prix pour la multiplication et l'amélioration du bétail ; Exposition de bestiaux.

Bien des concurrents se sont présentés pour le premier prix; et on le conçoit facilement, lorsqu'on songe quels progrès nous avons faits, et sous le rapport de l'amélioration de la taille, et sous le rapport de celle du régime alimentaire. Parmi les étables que nous avons visitées, on doit surtout signaler celles de MM. *Choné* de Ludres, *Bruvard* de Saint-Jean, *Royer* de Germiny et *Louis* de Tomblaine. A

Henneville comme à Martincourt, nous n'avons trouvé qu'un bétail misérable.

L'exhibition a été moins belle que par le passé ; car nos cultivateurs craignaient la péripneumonie. Parmi les bêtes à cornes, la Commission a de nouveau à signaler les animaux de MM. *Bravard* de Saint-Jean, *Choné* de Ludres. Les troupeaux de MM. *Daurier*, *Brice*, *Turck*, de Scitivaux, *Gœtzmann* et *Louis* de Tomblaine étaient aussi admirés de tous les étrangers. Il y avait, en fait de bêtes ovines, des produits véritablement remarquables ; ce qui prouve mieux que tous les raisonnements possibles que les croisements de Dishley ont été chez nous jusqu'à présent très-avantageux.

Prix pour l'irrigation des prairies.

Vous savez déjà, Messieurs, par le rapport de M. *Thomas* (*Bon Cultivateur*, 1844, p. 276), quel est le concurrent qui se trouvait en première ligne pour ce prix. A côté de M. *Husson* d'Haussonville venaient se placer M. *Brice* de Champigneules et M. *Grandsire* de Craincourt. M. *Husson* a eu le premier prix et M. *Grandsire* un encouragement de 50 fr., M. *Brice*, comme membre ordinaire, n'ayant pu rien obtenir.

Voilà, Messieurs, en résumé, quels ont été nos travaux de l'année. Permettez-nous, avant de finir, de vous remercier de la confiance que vous avez eue en nous, en nous honorant du titre de rapporteur. Mais ne nous refusez pas non plus votre indulgence : regardez notre travail comme fait bien à la hâte, car ce n'est qu'en courant que nous pouvons le compléter, et oubliez s'il vous plaît les imperfections du style, les tournures vicieuses, pour ne chercher que le fonds de notre pensée.

DISTRIBUTION DES PRIX.

(Partie Agricole).

Avant de procéder à la Distribution des Prix, la Société témoigne sa reconnaissance à sa Commission des concurrents, et spécialement à MM. *Besval, Chrétien* et *Henriet,* qui se sont acquittés de la nouvelle et difficile besogne dont ils ont été chargés, avec un zèle et un discernement bien dignes d'éloges.

La Société, après avoir entendu les rapports de sa Commission des concurrents et des divers jurys qu'elle a délégués, arrête que les récompenses offertes par ses programmes et celles qu'elle a cru devoir accorder hors de ses concours, seront décernées dans l'ordre suivant, savoir :

Prime de 500 fr. et Médaille pour la bonne tenue des Exploitations rurales.

Cette *Prime,* fondée par M. le ministre de l'Agriculture et qui a été affectée cette année à l'arrondissement de Nancy, est décernée à M. *Antoine Brice,* cultivateur à Champigneulles. Elle est accompagnée d'une grande médaille d'argent.

Il est fait mention très-honorable de l'exploitation de M. *Gœtzmann* de Nancy.

Une mention honorable est accordée à celle de M. *Lamy* fils, des Frahes.

Prix extraordinaire.

Grande médaille d'argent à M. *Gœtzmann* pour les épierrements considérables qu'il a faits sur la côte de Toul, où il a donné à l'agriculture des terrains fort étendus.

Primes pour l'Irrigation des Prairies.

La 1re *Prime*, de 150 fr., est décernée à M. *Husson*, d'Haussonville.

La 2e *Prime*, de 75 fr., a été méritée par M. *Antoine Brice*, de Champigneules, déjà nommé ; mais, sa qualité de Membre ordinaire ne lui permettant pas de la recevoir, il va lui être remis un certificat qui constate le succès qu'il a obtenu.

Une *Prime d'encouragement* de 50 fr., est accordée à M. *Grandsire*, Instituteur à Craincourt.

Concours de Charrues.

La 1re *Prime*, de 75 fr., a été méritée par M. *Germain Martin*, conduisant la charrue n° 2, versoir en fonte, construite chez M. *Perrin*, de Quatre-Fers, commune de Clémery.

La 2e *Prime*, de 50 fr., a été partagée entre MM. *Charles Gourier*, de Manoncourt, conduisant la charrue n° 7 et *Pierre Nicolas Gourier*, conduisant la charrue n° 14.

La 3e *Prime*, de 25 fr., portée à 30, a été partagée entre MM. *Christophe*, conduisant la charrue n° 5, à M. *Bravard*, de Saint-Jean, et *François Béchet*, conduisant la charrue n° 9 (Dombasle à avant train), à M. *Lamy*, des Francs.

Médaille d'argent pour le plus bel attelage : à M. *Bravard*, de Saint-Jean.

Médaille d'argent pour les plus belles juments ayant pris part au concours : à M. *Lamy*, des Francs.

Garçons de charrue, Marcaires et Bergers.

La *grande médaille*, avec un *livret* de 25 fr., est décernée à *Joseph Sigronde*, garçon de charrue chez M. *Grandjean* l'aîné, de Réméréville, depuis plus de 23 ans.

Le 1er *Livret des garçons de charrue* est accordé à *George Poirson*, chez M. *Joseph-Nicolas Pargon* d'Arracourt, depuis 15 ans.

Le 2e *Livret*, à *François Henriot*, chez M. le baron *Vincent*, de Lesse, depuis 13 ans 10 mois.

Le 3e *Livret*, à *Joseph Bolis*, chez M. *Jean-Baptiste-François Marchal*, de Charmois, depuis 9 ans 8 mois.

Le *Livret des Marcaires* est décerné à *Antoine Hamel*, chez M. *Jean-Chrysostome André*, de Ludres, depuis 12 ans.

Le *Livret des Bergers* a été obtenu par *Nicolas Schœffer*, chez M. *Antoine Brice*, de Champigneules, depuis 8 ans 8 mois, mentionné honorablement en 1844.

La Société a décidé en outre qu'il serait fait mention honorable des certificats accordés à 9 garçons de charrue, 1 marcaire et 5 bergers, en les engageant à persévérer dans leur bonne conduite et à se représenter l'année prochaine. Ce sont : garçons de charrue : *Joseph Gaudel*, chez M. *Berbain*, de Thélod, depuis 8 ans 9 mois; *Jérémie Hiller*, chez M. *Lewylier*, de Champigneules, depuis 8 ans (mentionné honorablement en 1844); *Ernest Valentin*, chez M. *Genay*, de Froville, depuis 8 ans (mentionné honorablement en 1844); *Nicolas Barbas*, chez M. *François André*, de Réméréville, depuis 7 ans 5 mois; *Nicolas Sigisbert Lange*, chez M. *Joseph Perrin*, de Seichamp, depuis 7 ans 5 mois; *Jean Favier*, chez M. *Louis*, de

Tomblaine, depuis 7 ans (mentionné honorablement en 1844); *Nicolas Lhuillier*, chez Mmes *Mac-Dermott*, de Fleurfontaine, depuis 6 ans (mentionné honorablement en 1844); *Joseph Gobert*, chez M^mo veuve *Geoffroy*, de Rémeréville, depuis 5 ans 2 mois; *Philippe Galat*, chez M. *Charles-Victor Valentin*, de Martin-Bois (Hériménil), depuis 4 ans 3 mois. Marcaire : *Jean Colson*, chez M. *Nicolas Anslin*, de Manoncourt, depuis 6 ans 3 mois. Bergers : *Nicolas François*, chez M. *François Marchal*, de Charmois, depuis 8 ans 8 mois ; *Nicolas Gilet*, chez M. *Antoine-Nicolas Lamy*, de Custines, depuis 8 ans; *André André*, chez M. *Nicolas Anslin*, de Manoncourt, depuis 6 ans 4 mois ; *Adam Grosses*, chez M. *Louis*, de Tomblaine, depuis 5 ans; *François Maringué*, chez M. *de Scitivaux de Greische*, depuis 4 ans 1/2 (mentionné honorablement en 1844).

D'autres certificats, qui n'étaient point en règle ou qui ont été envoyés trop tard, ont dû être rejetés du concours.

Amélioration des Ecuries et des Etables.

Il est accordé une grande médaille d'argent à M. *Lemoine*, de la Bouzule, pour la belle construction qu'il a faite chez lui, et qui peut servir de modèle en ce genre.

Multiplication des Bêtes bovines.

La 1re *Prime*, de 100 fr., est partagée entre MM. *Bravard*, de Saint-Jean, déjà nommé, et *Choné*, de Ludres.

La 2e *Prime*, de 50 fr., est accordée à M. *Rouyer*, de Germiny.

Mentions honorables, à MM. *Louis*, de Tomblaine, et *Antoine Brice*, de Champigneules, déjà nommé.

(53)

Taureaux.

La *Prime* de 50 fr., pour les taureaux de 17 mois à 2 ans, à M. *Deville* (*Laurent*), au Crône.

La *Prime* de 100 fr., pour les taureaux, de 2 à 3 ans, est partagée entre MM. *Bravard*, de Saint-Jean, déjà nommé, et *Blampain*, de Nancy.

Vaches.

La 1re *Prime*, de 60 fr., est décernée à M. *Bravard*, de Saint-Jean, nommé pour la 4e fois.

La 2e *Prime*, de 40 fr., à M. *Chone*, de Ludres, nommé pour la 2e fois.

Génisses.

La *Prime* de 30 fr., pour les génisses, est accordée à M. *Bravard*, de Saint-Jean, nommé pour la 5e fois.

Métis de Dishley.

La 1re *Prime*, de 100 fr., pour les agneaux de 2 à 3 ans, a été méritée par M. *Amédée Turck*, directeur de l'institut de Sainte-Geneviève; mais, sa qualité de Membre ordinaire s'opposant à ce qu'elle lui soit décernée, 25 fr. sont accordés à son berger.

La 2e *Prime*, de 50 fr., pour les agneaux de 1 à 2 ans, est partagée entre MM. le baron *Daurier* et *Antoine Brice*, de Champigneules, nommé pour la 3e fois. Comme ils sont tous deux Membres ordinaires, 10 fr. sont accordés à chacun de leurs bergers.

Mentions honorables à MM. *de Scitivaux de Greische* et *Gœtzmann*, déjà nommé.

Porcs.

Une *Prime* de 50 fr. est décernée à M. *Burtin*, des Grands-Moulins, pour une belle truie.

Une *Prime* de 50 fr. à M. *Soriot*, de Malzéville, pour un beau porc.

Exposition d'Instruments d'agriculture et d'horticulture.

Mention très-honorable et *rappel de médaille d'or* à MM. *Hoffmann* fils, pour leur nouvelle machine à battre qui a été soumise à l'examen de la Commission.

Rappel de médaille d'argent à M. *Fr. Liébaut*, fabricant de tarares, actuellement à Essey. Une médaille d'or lui est promise depuis l'année dernière; mais, la machine qu'il a présentée cette année n'ayant pas tout à fait satisfait le Jury, il est invité à la perfectionner d'après les conseils qui lui ont été donnés.

Médaille d'argent à M. *Célestin Devaux*, de Malzéville, pour ses outils de taillanderie.

Rappel de médaille d'argent à M. *Larivière* aîné, coutelier à Nancy, pour ses beaux outils d'horticulture.

Médaille de bronze à M. *Collignon*, pour ses harnais et spécialement pour sa bride-licol.

2 Charrues ont été exposées, l'une par M. *Bonabelle*, de Fléville, l'autre par M. *Perrin*, de Quatre-Fers, commune de Clémery. Mais ces instruments ont besoin, pour être jugés, d'être mis à l'œuvre concurremment. Les auteurs seront invités à les soumettre à une expérience publique.

NANCY, IMPRIMERIE DE VEUVE RAYBOIS ET COMP.